123456789

My Path to Math

我的数学之路

数学思维启蒙全书

第 3 辑

四舍五入 | 重新组合

■ [美] 玛丽娜·科恩(Marina Cohen)等 著

阿尔法派工作室 李婷 译

U0167717

人民邮电出版社
北京

版权声明

目 录
CONTENTS

四舍五入

学校游园会 6

学习四舍五入的规则 8

估计门票数 10

将长度四舍五入 12

更多四舍五入 14

最接近的整百 16

将钱数四舍五入 18

赚的钱 20

学校图书馆的书 22

术语 24

重新组合

小镇餐馆 28

不用重新组合来做加法 30

加法中的重新组合 32

做加法的时间 34

把钱数相加 36

减法 38

减法中的重新组合 40

减法时刻 42

做加法和做减法 44

术语 46

学校游园会

到举办学校游园会的时候了，为了筹备游园会，孩子们要准备不少事情。

他们的老师是安妮塔小姐，她告诉孩子们在清点物品的时候，要**四舍五入**。她解释说四舍五入时，大家经常把数变成**最接近的整十、整百或整数**，四舍五入让有关数的很多问题变得容易。四舍五入不会给出一个精确的答案，但是在实际生活中，并不总是需要**精确**的答案。四舍五入的方法，在生活中更常见且易于使用。

老师向他们展示了一条数轴。他们看到相比20来说，12更接近10。他们将12四舍五入，得到最接近的整十。

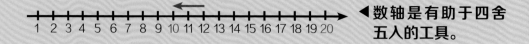

◀数轴是有助于四舍五入的工具。

拓 展

把17四舍五入成最接近的整十，请运用数轴来帮助你吧！17更接近10还是20？四舍五入后，它约等于10还是20？

孩子们将运用四舍五入来帮助他们解决筹备游园会时遇到的数学问题。

学习四舍五入的规则

游园会上有38名学生在准备，安妮塔小姐想让艾莉森把38四舍五入成最接近的整十。

安妮塔小姐教给艾莉森一条有关两位数的四舍五入的规则。

如果个位上的**数字**是1、2、3或4，四舍五入后变成较小的整十。如果是5、6、7、8或9，四舍五入后变成较大的整十。

38 ←—— 个位上的数字

38被四舍五入后变成40。

拓 展

让朋友写一个10到20之间的数字。一起试着将这个数字四舍五入成最接近的整十。记住规则哦！

这张纸条提供了思考四舍五入的另一个方法。

看这个数的个位。

小于或等于四，舍去！

大于或等于五，进位！

38 四舍五入成 40

估计门票数

有83个孩子来游园会，每个孩子都需要买一张门票。安妮塔小姐把去年游园会剩下的门票交给艾莉森和李，让他们用四舍五入的方法**估计**一下这些门票够不够分给想来游园会的孩子。

艾莉森数出68张门票，她将68四舍五入成70。李数出36张门票，他将36四舍五入成40。他们**把**四舍五入后的数字**相加**，得到了110。110>83。他们有足够的票！

$$68 + 36 = 104$$
精确的

$$70 + 40 = 110$$
四舍五入后的

◀ 对艾莉森和李来说，还是四舍五入后的数字算起来比较简单。总数虽然不精确，但这是一种快速估计数量的方法。

拓 展

请尝试以下两种方法。第一种方法：将数字28和13四舍五入，然后把数字加起来，你的答案是多少？第二种方法：现在把28和13相加，得到精确的答案。

两种方法的答案接近吗？哪种方法更快？

孩子们运用四舍五入的方法可以估计门票数。

将长度四舍五入

艾莉森要准备一张当面部彩绘摊位的桌子。她必须**测量**桌子的长和宽，以此来找到一块大小合适的布料来作桌布。她没有尺子，所以她用**非标准工具**来代替。

她使用门票而不是尺子来测量。

门票

356011

她发现桌子有22张门票那么长。

艾莉森有一块长度等于20张门票的红色格子布。

她还有一块长度等于30张门票的蓝色格子布。

红布更接近正确的尺寸，但是它不够长，遮不住桌子。

她选择蓝布来作桌布。

安妮塔小姐解释说，在将数字四舍五入时，确保结果在实际应用中是**合理的**这一点是非常重要的。使用比桌子短的布料做桌布并不合理。

蓝色格子布长30张门票，
可以覆盖整张桌子。

红色格子布比蓝色格子
布短10张门票的长度。

22张门票表示桌
子的长度。

红色格子布长20张门
票，太短了。

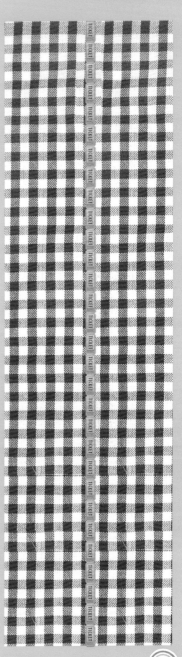

更多四舍五入

安妮塔小姐让李准备玩套圈游戏的桌子。参加游戏的人可以站在指定的地方扔塑料圈，如果圈套住瓶子，就可以赢得奖品。她告诉李桌子上要摆35个瓶子。

李问安妮塔小姐如何将35四舍五入，她提醒李注意四舍五入的规则。当个位上的数字是5、6、7、8或9时，四舍五入成更高的整十。

李把35四舍五入成40。安妮塔小姐告诉李，他的估计结果是正确的，这意味着他们大约需要40个瓶子。这样一来，如果有瓶子破了，他们可以换上新的。

拓 展

你能将数字25和24四舍五入吗？运用你已经学到的四舍五入规则，将这两个数四舍五入，然后把它们加起来。

李运用四舍五入的方法来确定需要为套圈游戏准备多少物品。

最接近的整百

安妮塔小姐说在去年的游园会上，共分发了328个奖品。她让李将数字328四舍五入成**最接近的整百**。

为了把数四舍五入成最接近的整百，要看十位上的那个数字。如果那个数字是1、2、3或4，就舍去；如果它是5、6、7、8或9，就应该进位，四舍五入成最接近的整百。

300	20	8	= 328
百	十	一	

数字2比5小，所以28要舍去，328四舍五入后是300。

把328四舍五入成最接近的整百是300。不考虑这个数是奖品数量的话，300很合理，但是，分发奖品时需要保证盒子里有足够的奖品！

拓 展

如果你的校历有182天，你会四舍五入成200还是成100？说说你的思考。

李需要准备多少个奖品？他可以运用数轴来将328四舍五入成最接近的整百。

奖品

100   200   300   400   500   600   700   800   900   1000

328

将钱数四舍五入

艾莉森和李有50元可用来吃午饭。安妮塔小姐带他们去买了两块披萨，每块披萨花费14.9元，**总的**花费是29.8元。她让他们把花费的29.8元四舍五入成最接近的整数，这样一来，他们将会知道大约还剩多少钱。

安妮塔小姐提醒他们对带有**小数点**的数字四舍五入时要仔细检查，应该看小数点右边的第一位上的数字，而且要遵循四舍五入规则。

¥29.80 ◀ 如果数字是1、2、3或4，舍去。如果它是5、6、7、8或9，进位。

艾莉森和李将29.80元四舍五入成30元。接下来，他们用50元**减去**30元。艾莉森和李算出他们将会剩下大约20元。

拓展

如果你有3.00元，花了1.90元后，你大约还剩多少钱？将1.90元四舍五入成最接近的整数。用3.00元减去那个整数。你还有足够的钱来买价格为1.00元的零食吗？

艾莉森和李还有足够的钱来
买第3块披萨吗？

赚的钱

艾莉森和李一起统计游园会上每个摊位赚的钱。面部彩绘摊位赚了32.37元，套圈游戏摊位赚了27.95元。他们想知道一共赚了多少钱。

安妮塔小姐告诉他们应该将小数四舍五入成最接近的整数，并提醒他们应该根据小数点右边的第一位上的数字判断该舍去还是进位，而且四舍五入成为整数之后，小数点右边的数字应该均变为0。

艾莉森 32.37元 ⟶ 32.00元
李　　 27.95元 ⟶ 28.00元

他们把32元和28元加起来。艾利森和李算出他们大约赚了60.00元！

拓 展

你有13块大理石，你的朋友有19块大理石。将每个数字四舍五入成最接近的整十数，然后把它们加在一起。你们大约总共有多少块大理石？

如果先将数四舍五入，钱数相加时的计算就变得更容易。

学校图书馆的书

交易会在星期六筹集了168元，在星期日筹集了123元。安妮塔小姐让孩子们先将数字四舍五入成最接近的整十数，再把两个数字加在一起估计一下总数。

艾莉森和李先将168元四舍五入成170元，再将123元四舍五入成120元。他们把两个数字相加，得到290元。这些钱将会用来为学校图书馆购买新书！

$$
\begin{array}{r}
¥170 \\
+¥120 \\
\hline
¥290
\end{array}
$$

拓展

四舍五入在生活中有很多作用！想象一下你要去超市，准备花3.80元买一盒牛奶，再花1.12元买一些面包。你大约需要多少钱？将这些数字四舍五入成最接近的整数，然后把它们相加得出总数。

把书架上的书的数量加起来，你可以运用四舍五入来帮助你算出总数。

术 语

把……相加（add） 把两个数字组合在一起。

小数点（decimal point） 将比1大的数字和比1小的数字分开的符号。

数字（digit） 表示数目的符号，如0、1、2、3、4、5、6、7、8、9。

估计（estimate） 利用已知信息做出的推测。

精确的（exact） 准确的或正确的。

测量（measure） 测定物体的尺寸。

最接近的整百（nearest hundred） 距离原数字最近的整百，例如100、200、300等。

最接近的整十（nearest ten） 距离原数字最近的整十，例如10、20、30等。

非标准工具（nonstandard tool） 一种可以用来测量其他物体的工具，它不像直尺那样是标准的测量工具，通常情况下不会被用来测量物体。

合理的（reasonable） 有道理的，可接受的。

四舍五入（round） 运算时取近似值的方法。

减去（subtract） 从整体中去掉一部分。

总的（total） 和或总量。

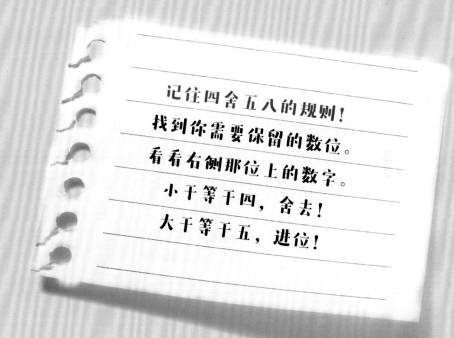

记住四舍五入的规则！
找到你需要保留的数位。
看看右侧那位上的数字。
小于等于四，舍去！
大于等于五，进位！

小镇餐馆

星期六，贝奇在艾希姑姑的餐馆帮忙。贝奇的第一项工作就是收集吸管。她找到一捆吸管，共有10根。

旁边还有3根单独的吸管，那总共就是13根吸管。13是由1个"十"和3个"一"组成的。

接下来，贝奇又找到4根吸管，她现在有17根吸管。

13+4=17

17是**和**，和是两个或两个以上的数相加所得的结果。

拓展

现在，尝试把23和4相加。从23开始（23是由2个"十"和3个"一"组成的），在**数轴**上往右数4格。

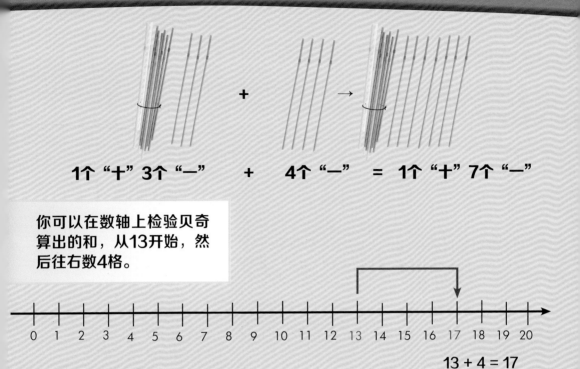

1个 "十" 3个 "一"   +   4个 "一"   =   1个 "十" 7个 "一"

你可以在数轴上检验贝奇算出的和，从13开始，然后往右数4格。

13 + 4 = 17

不用重新组合来做加法

贝奇现在只有17根吸管，之后，她又在一个桌子上发现11根吸管。她总共有多少根吸管？

17 + 11 = ？

贝奇用笔和纸算总数。首先，她在**位值表**中将每一位上的**数字**对齐。

接下来，她写出17加11的加法竖式，她先把个位上的数字相加，再把十位上的数字相加。

贝奇有28根吸管。

十	个
1	7
1	1

$$17$$
$$+11$$

拓 展

把下面的吸管数相加，利用**位值**表来帮助你把相同数位上的数对齐。

十	个

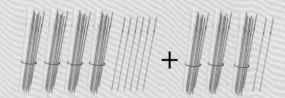

$$
\begin{array}{r}
17 \\
+11 \\
\hline
28
\end{array}
$$

$$
\begin{array}{r}
17 \\
+21 \\
\hline
38
\end{array}
$$

要想算出17与11的和，先把个位上的数字相加，再把十位上的数字相加。

加法中的重新组合

为了数出吸管的数量，贝奇想到了每十个一组的方法。

看下图。数一数"十"的组数和"一"的个数。

有2组"十"和14个"一"，右图中有太多要单独数的吸管了。为了使它变得容易，你可以把它们**重新组合**——以10个为一组，创造另一组"十"。

2个"十"和14个"一"与3个"十"和4个"一"是相等的，总数都是34根吸管。

拓展

使用豆子或硬币来创造1个"十"和许多个"一"，然后看看在许多个"一"中有几个"十"。重新组合后得出总数。

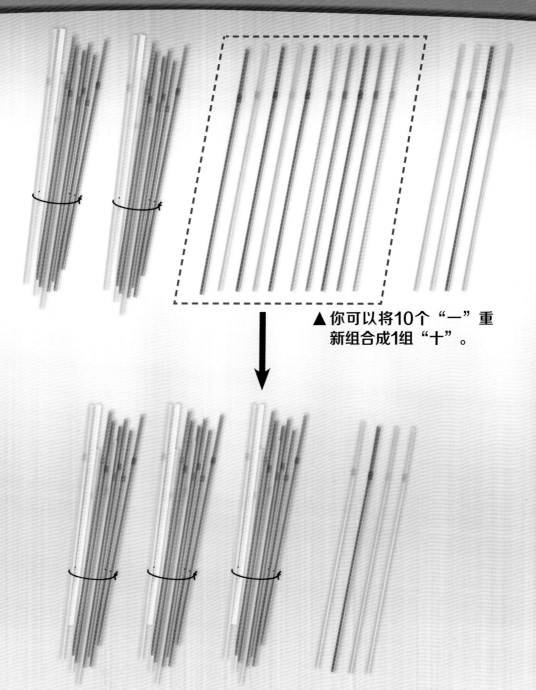

▲ 你可以将10个"一"重新组合成1组"十"。

2个"十"和14个"一"与3个"十"和4个"一"是相等的。

做加法的时间

工作期间，贝奇在餐馆做作业。早晨，她做了27分钟的作业。下午，她做了16分钟的作业。

她一共花费多长时间来做作业？

贝奇写下27+16的一个算式。看下一页，看看贝奇是如何算出这道算式的。

首先，她把个位上的数字相加。她把7和6加起来得到13。她不能把13都写在个位上！她需要把10个 "一" 重新组合为1个 "十"。她可以在十位的底部写一个1来表示重新组合。然后，她再把十位上的数相加。

拓展

早晨穿衣服需要花费多少分钟？吃早饭需要花费多少分钟？把它们相加来得到穿衣服和吃早饭所花费的总时长。

使用竖式进行计算时，如果个位相加的和需要重新组合，可以在十位的底部写"1"来表示。接下来，把十位上的数字相加。

你可以用这种方式表示重新组合。

$$27$$
$$+ 16$$
$$\overline{43}$$

十	个
2	7
1	6

43

把钱数相加

艾希姑姑向贝奇展示了两道菜的钱。一道菜18元，另一道菜17元。

贝奇算出了总数。首先，她把个位上的数字相加。8和7加起来得到15，她在个位下面写下5，然后她把10个"一"重新组合成1个"十"，她在十位的底部写"1"。接下来，她把十位上的3个数字相加。你可以在下一页上看到她的计算过程。

小镇餐馆		CHECK NUMBER
SERVER	TABLE	GUESTS	926962

意大利面　　　　18元

鱼和薯片　　　　17元

TAX

TOTAL

拓展

贝奇已经攒了28元。艾希姑姑将给她8元以感谢她的帮忙。贝奇现在有多少钱？

¥ 28
+¥ 8
—————

$$¥18$$
$$+ ¥1.7$$
$$¥35$$

当我们把钱数相加时，重新组合也是有帮助的。

减法

餐馆一共有8张桌子，艾希姑姑让贝奇往每张桌子上放1个食盐瓶。

贝奇在一个橱柜里发现了19个食盐瓶，她拿走8个，还剩几个？

下一页中每个方块代表1个食盐瓶。位值表展示了如何将 19 − 8 涉及的数字对齐。

现在，看看这道题。先把个位上的数字相减，然后把十位上的数字相减，减法问题的答案被称作**差**。

还剩下11个食盐瓶。你可以在数轴上检验差是否正确。

拓展

观察这条数轴，写出和数轴一致的减法算式。

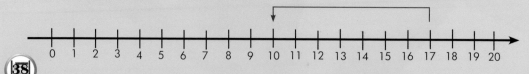

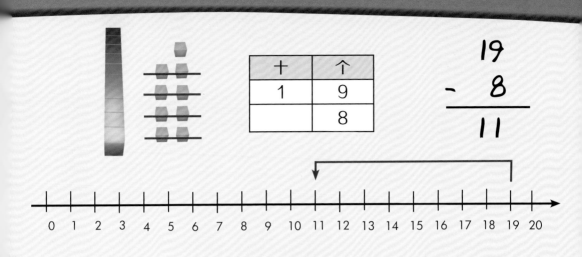

十	个
1	9
	8

$$\begin{array}{r} 19 \\ -8 \\ \hline 11 \end{array}$$

从19开始，往左数
8个格。

减法中的重新组合

艾希姑姑原本有25个百吉饼。贝奇篮球队的几个女孩过来了，她们点了8个百吉饼，还剩多少个百吉饼？

看下一页的顶部，每个方块代表一个百吉饼，方块显示了25是如何被重新组合的，位值表则展现了这道题的数字是如何对齐的。要想算出答案，先从个位开始。你不能用5减去8，那么先把十位上的1个十重新拆成10个一，这样一来个位上的5变成15，之后，用15减去8。接下来，将十位剩下的数字相减。

拓展

用51减去33。当没有足够的一来相减时，把1个"十"重新组合成10个"一"。

5个"十"1个"一" ⟶ 4个"十"11个"一"

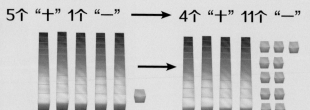

十	个
5	1
3	3

$$\begin{array}{r} 51 \\ -\ 33 \\ \hline \end{array}$$

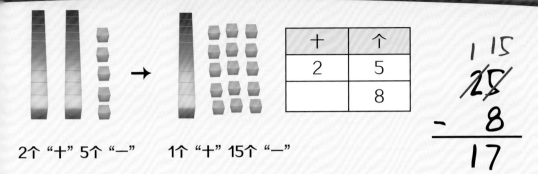

2个"十"5个"一"　　　1个"十"15个"一"

十	个
2	5
	8

$$\begin{array}{r} {}^1\!\!\!\!\!\!{}^{15} \\ \cancel{25} \\ -8 \\ \hline 17 \end{array}$$

25个百吉饼减8个百吉饼是多少？使用重新组合来算出答案。

减法时刻

一位顾客需要支付14元。他给了贝奇一张20元的纸币。

贝奇说："我能算出该找多少**零钱**！"她写下20元减14元的算式。

哦，不！她不可以用0减去4。

贝奇想出这道题该怎么做了。她需要把1个十位上的"十"重新拆开变成10个"一"，并且把它移到个位上。

应该找给顾客6元的零钱。

拓展

你有76元，现在花了20元。你还剩下多少钱？你需要重新组合吗？解释一下。

$$\begin{array}{r} ¥\,20 \\ -¥\,14 \end{array}$$

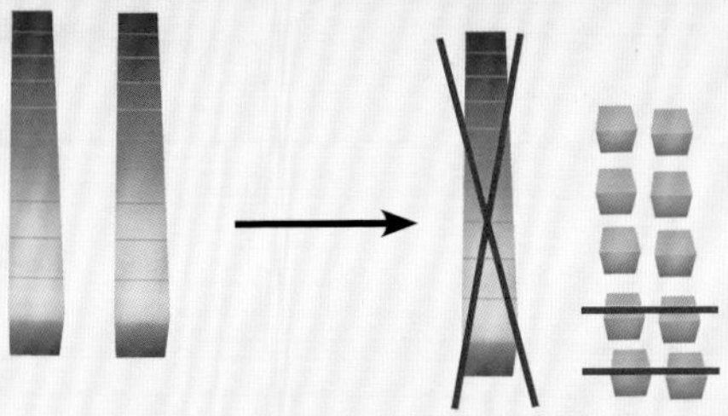

2个“十”　　1个“十”10个“一”

十	个
2	0
1	4

$$\begin{array}{r} 1\ 10 \\ ¥\,\not{2}\not{0} \\ -¥\,14 \\ \hline ¥\ \ 6 \end{array}$$

20元减14元是多少？将数字重新组合算出答案。

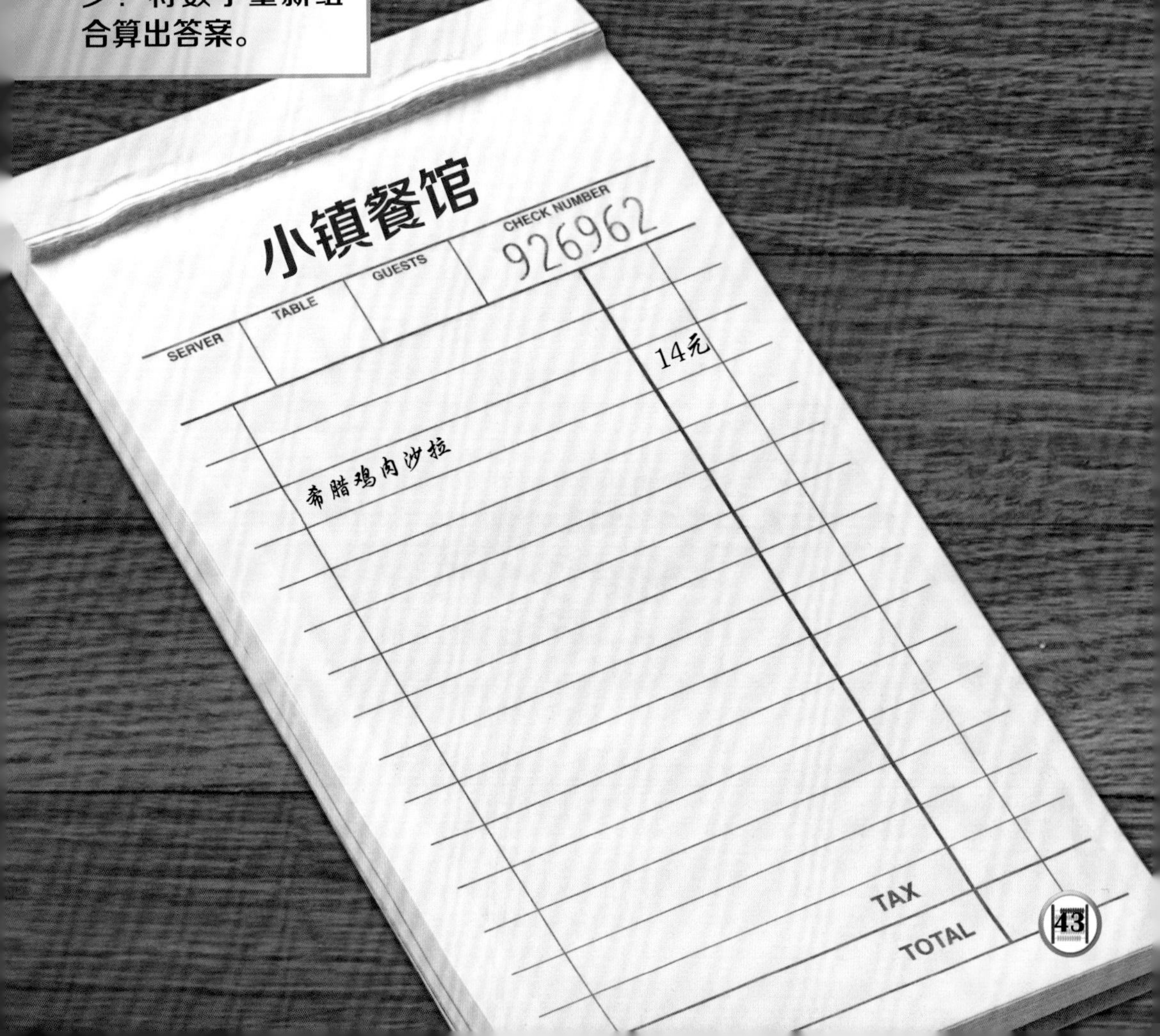

小镇餐馆
CHECK NUMBER
926962
GUESTS
TABLE
SERVER
14元
希腊鸡肉沙拉
TAX
TOTAL

做加法和做减法

打烊的时候，贝奇的爸爸来接她回去。贝奇在餐馆帮了艾希姑姑，艾希姑姑也帮助了贝奇！

贝奇已经学会了有关重新组合的知识。

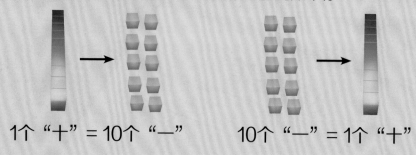

1个 "十" = 10个 "一"　　　　10个 "一" = 1个 "十"

有时候，你需要把10个 "一" 组合成1个 "十"，方便你做加法；有时候，你需要把1个 "十" 拆分成10个 "一"，这样一来，就可以做减法了。

贝奇已经学会了如何运用重新组合算出和与差！

拓展

无论是做加法或做减法，三思而后行。你必须使用重新组合才能算出和吗？你必须使用重新组合才能算出差吗？

当餐馆再次营业时，将会有更多的重新组合需要做！

加法 不需要重新 组合	加法 需要重新 组合	减法 不需要重新 组合	减法 需要重新 组合
45 + 13 58	45 + 29 74	66 - 52 14	5 16 6̶6̶ - 18 48

术 语

零钱（change） 在支付完成后返还的钱。

差（difference） 减法运算得到的答案。

数字（digit） 表示数目的符号，如0、1、2、3、4、5、6、7、8和9。

数轴（number line） 规定了原点、正方向和单位长度的直线。

位值（place value） 同一个数字，由于在数中的位置不同，所表示的值也不同。

位值表（place-value chart） 同一位值写在同一列中的表格。

重新组合（regrouping） 改变相等数值的数量组成来重新表示1个数字，如：2个"十"8个"一"等于1个"十"18个"一"。

和（sum） 加法运算得到的答案。

十	个
4	0
2	7

$$
\begin{array}{r}
\overset{3\;10}{¥\,\cancel{40}} \\
-¥\,27 \\
\hline
¥\,13
\end{array}
$$

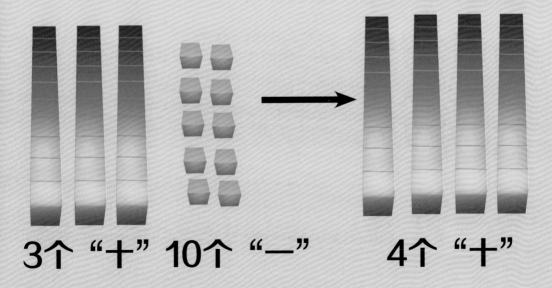

3个 "十" 10个 "一"   4个 "十"